Sanmati Patil
Gajkumar Kavathekar
Rajanee Kavathekar

Inversor Flyback

Sanmati Patil
Gajkumar Kavathekar
Rajanee Kavathekar

Inversor Flyback

Conversor CC-CC

ScienciaScripts

Imprint

Any brand names and product names mentioned in this book are subject to trademark, brand or patent protection and are trademarks or registered trademarks of their respective holders. The use of brand names, product names, common names, trade names, product descriptions etc. even without a particular marking in this work is in no way to be construed to mean that such names may be regarded as unrestricted in respect of trademark and brand protection legislation and could thus be used by anyone.

Cover image: www.ingimage.com

This book is a translation from the original published under ISBN 978-620-6-15921-6.

Publisher:
Sciencia Scripts
is a trademark of
Dodo Books Indian Ocean Ltd. and OmniScriptum S.R.L publishing group

120 High Road, East Finchley, London, N2 9ED, United Kingdom
Str. Armeneasca 28/1, office 1, Chisinau MD-2012, Republic of Moldova, Europe
Printed at: see last page
ISBN: 978-620-6-00317-5

ÍNDICE

LISTA DE ABREVIATURAS

Abbreviation	Illustration
MPPT	Maximum Power Point Tracking
V_{PV}	PV Voltage
I_{PV}	PV Current
L_m	Magnetizing Inductances
THD	Total Harmonic Distortion
DCM	Discontinuous Current Mode
PV	Photo Voltaic
AC	Alternating Current
DC	Direct Current
MOSFET	Metal Oxide Semiconductor Field Effect Transistor
IGBT	Insulated Gate Bipolar Transistor
C	Decoupling capacitor
N_p	Primary winding turns
N_s	Secondary winding turns
L_f	Filter inductance
C_f	Filter capacitance
F_s	Switching frequency
N_{cell}	Number of interleaved cell
F	Grid frequency
V	Grid voltage

Capítulo 1
INTRODUÇÃO

1.1 Introdução

No domínio do sector da energia, uma das principais preocupações é o aumento da procura de energia. Mas a quantidade e a disponibilidade das fontes de energia tradicionais não são suficientes para satisfazer a procura actual de energia. Ao pensar na disponibilidade futura das fontes convencionais de produção de energia, torna-se muito importante que as fontes de energia renováveis sejam utilizadas juntamente com as fontes dos sistemas convencionais de produção de energia para satisfazer as necessidades da procura de energia.

A energia solar é abundantemente obtida na superfície do planeta, bem como no espaço, para que possamos colher a sua energia e convertê-la no nosso tipo de energia adequado e utilizá-la de forma eficiente. A geração de energia eléctrica a partir de painéis solares pode ser sincronizada com a rede ou pode ser um sistema de geração de energia isolado ou autónomo que depende totalmente da utilidade do fornecimento, da localização do espaço de carga, da disponibilidade da rede eléctrica nas proximidades. Os dois pontos mais significativos baseados na energia solar são o facto de o seu custo de combustível ser completamente nulo e de as gerações de energia solar durante o seu funcionamento não emitirem quaisquer gases com efeito de estufa. Para além disso, a vantagem de utilizar a energia solar para a produção de pequenas quantidades de energia é a sua mobilidade. Podemos transportá-la sempre que for necessária uma pequena produção de energia. Nos últimos anos, a facilidade dos mecanismos de conversão de energia solar foi consideravelmente aumentada em tamanho compacto. A análise avançada no domínio da electrónica de potência e da ciência dos materiais tem sido muito útil para os engenheiros desenvolverem um sistema muito pequeno, mas eficaz e potente, com capacidade para suprir de forma estável a elevada procura de energia eléctrica.

Em todos os países, a procura de densidade de energia está a aumentar de dia para dia. A produção de energia solar tem adicionalmente a capacidade de lidar com a flutuação de tensão de forma muito eficaz, configurando o sistema para a utilização de unidades conversoras de entrada múltipla. No entanto, no sistema de produção de energia solar, devido ao seu elevado custo de instalação e à baixa eficiência das células solares, estes sistemas de produção de energia dificilmente participarão nos mercados competitivos da energia solar como principal fonte renovável de produção de energia. Os cientistas estão a tentar melhorar o desenvolvimento da tecnologia de produção de células solares para aumentar a sua potência. Isso ajudará definitivamente a tornar a produção de energia solar um hábito para utilização na vida quotidiana como principal fonte renovável de energia eléctrica numa base mais ampla do que as condições actuais. No sistema de produção de energia solar, os mais recentes mecanismos de controlo de energia estão a ser utilizados hoje em dia, designando-se por Maximum Power Point Tracking, frequentemente referido como MPPT, que tem orientado para o aumento da eficiência do funcionamento da produção de energia a partir das células solares. Assim, o MPPT é mais significativo no domínio do consumo de fontes de energia renováveis.

Actualmente, os investigadores estão a interessar-se pelo sistema de produção de energia fotovoltaica. São utilizadas várias topologias de inversores e várias estratégias de controlo para o sistema de produção de energia fotovoltaica. No entanto, o custo da tecnologia é ainda elevado, pelo que a sua utilização é limitada a aplicações residenciais. O principal objectivo deste projecto é integrar o inversor PV com a topologia flyback para aplicações de alta potência. Foram investigadas muitas topologias isoladas, como o conversor flyback, que utiliza um menor número de componentes. Ao utilizar esta topologia flyback para integrar o inversor FV ligado à rede.

Devido a estas desvantagens, os conversores flyback convencionais não são concebidos para aplicações de alta potência. O conversor flyback convencional tem um papel limitado na aplicação fotovoltaica e produz baixa potência, podendo ser utilizado apenas para microinversores [1]-[4]. Nesta tecnologia, cada terminal de saída do painel fotovoltaico é ligado a um micro-inversor. Por este motivo, esta tecnologia é designada por aplicação de módulo fotovoltaico [5-9]. Para obter uma potência de saída elevada, o número de módulos fotovoltaicos ligados em paralelo produz uma potência elevada. A integração PV MPPT extrai a potência máxima do painel PV [10].

Conversor flyback de dois estágios desenvolvido para aplicações de alta potência, intercalando o estágio único como inversor PV do tipo central. Tem muitas vantagens, tais como,

1) A frequência dos harmónicos indesejáveis aumenta na forma de onda proporcionalmente ao número de fases intercaladas.

2) Facilitar a filtragem de harmónicas indesejadas utilizando um filtro de menor dimensão.

3) Dimensão reduzida do condensador e dos indutores. Ajuda a conceber um inversor de dimensões compactas.

1.2   Necessidade

A técnica de produção de energia a partir da energia solar fotovoltaica é uma das técnicas mais eficazes de utilização da energia solar. Neste método, a matriz solar converteu directamente a irradiação da luz solar em energia eléctrica através do efeito fotovoltaico, e tem uma ampla situação de melhoria com uma variedade de benefícios, como a limpeza e a ausência de poluição devido ao facto de a geração de energia solar não libertar quaisquer gases com efeito de estufa no seu funcionamento, a facilidade de estrutura e a ausência de poluição sonora devido ao facto de não conter quaisquer peças móveis, a ausência de custos de combustível, uma vez que utiliza a luz solar como entrada, que é globalmente livre, pouca manutenção e renovável. As gerações de energia solar têm uma eficiência de conversão baixa e um custo de instalação elevado, pelo que o nosso objectivo deve ser aumentar a eficiência da produção de energia a partir do sistema.

Este projecto apresenta um inversor fotovoltaico do tipo central ligado à rede, baseado na topologia do conversor flyback intercalado. O conversor flyback intercalado é utilizado para maximizar o nível de potência, o que pode reduzir a ondulação da corrente, reduzir o tamanho do componente passivo e reduzir o custo global. Ao utilizar a topologia do conversor flyback, a principal motivação deste projecto é facilitar o controlo do fluxo de potência com elevada qualidade de energia na interface da rede.

1.3   Objectivos

O principal objectivo deste projecto é a utilização de um conversor flyback intercalado integrado com um inversor PV ligado à rede.

Outros objectivos são os seguintes,

1. Para utilizar na aplicação fotovoltaica.
2. Para minimizar as perdas de comutação.
3. Tensão baixa nos interruptores.
4. Para minimizar a THD.
5.

1.4 Tema

1. Revisão do conversor DC-DC e vários tipos
2. Simulação MATLAB do sistema proposto
3. Conceber um protótipo de hardware da topologia proposta e comparar os resultados com os resultados da simulação.

1.5 Organização dos Capítulos

Capítulo 1: Este capítulo centra-se na introdução e nos antecedentes da tese, na motivação do projecto, na finalidade e no objectivo do projecto, na contribuição para esta investigação e termina com a apresentação da tese.

Capítulo 2: Este capítulo apresenta uma visão geral do inversor flyback e discute a revisão da literatura.

Capítulo 3: Este capítulo trata da análise da descrição do sistema fotovoltaico e da topologia flyback.

Capítulo 4: Este capítulo trata do sistema proposto e do seu funcionamento pormenorizado.

Capítulo 5: Este capítulo trata da simulação em MATLAB das topologias propostas e também dos seus resultados.

Capítulo 6: Detalhes sobre o protótipo de hardware, juntamente com a descrição dos componentes de hardware do sistema proposto, com a descrição da configuração experimental e os respectivos resultados do sistema proposto.

Capítulo 2
PESQUISA BIBLIOGRÁFICA

2.1   Pesquisa bibliográfica

Toshihisa Shimizu [11] apresentou um novo inversor flyback baseado na topologia flyback. No sistema convencional, utiliza-se um grande número de módulos FV ligados em série ou em paralelo para obter uma tensão CC suficiente. No entanto, qualquer módulo fotovoltaico é coberto ou parcialmente sombreado por qualquer obstáculo, como árvores, edifícios, etc., o que minimiza a produção de energia fotovoltaica. Para ultrapassar este inconveniente, é necessário utilizar um novo inversor flyback ligado ao módulo FV individual com um controlador MPPT para extrair a potência máxima. A desvantagem do sistema é o custo elevado e a baixa eficiência. As vantagens deste novo inversor flyback são o menor número de componentes, o menor peso, o tamanho reduzido e o facto de ocupar menos espaço.

Yanlin Li [12] apresentou o objectivo principal de aumentar a eficiência utilizando um esquema de modo de condução contínua. O conversor é operado no modo CCM para ultrapassar o problema da eficiência, mas as desvantagens do modo CCM são a estratégia de controlo complexa, o díodo apresenta o problema da recuperação inversa, o ruído e o problema da interferência electromagnética.

K. H. Liu [13] explicou que o conversor é operado no modo de condução descontínua. No modo DCM, para reduzir o problema da recuperação inversa do díodo, minimizar o ruído e reduzir o problema da interferência electromagnética, os comutadores neste modo funcionam com comutação de tensão zero. O inconveniente do sistema ou do conversor é a sua utilização em aplicações de baixa potência através da utilização do módulo fotovoltaico e a corrente de ondulação também é elevada.

BunyaminTamyurek [14] concebeu e desenvolveu um inversor fotovoltaico ligado à rede com base no conversor flyback intercalado. As vantagens do conversor flyback intercalado 1) a frequência dos harmónicos indesejados aumenta na forma de onda proporcionalmente ao número de fases intercaladas. 2) Facilita a filtragem fácil de harmónicos indesejados utilizando um filtro de menor dimensão. 3) Dimensão reduzida do condensador e dos indutores. 4) Minimizar a corrente de ondulação.

Bunyamin Tamyurek [15] sugeriu a concepção e o desenvolvimento de um inversor flyback de alta potência baseado na topologia do conversor flyback intercalado. O conversor flyback intercalado é usado para maximizar o nível de potência, o que pode reduzir a ondulação de corrente, reduzir o tamanho do componente passivo e reduzir o custo total. Este conversor funciona em modo de corrente descontínua (DCM), proporciona uma resposta dinâmica rápida, fácil controlo, sem perdas de recuperação inversa e sem perdas de ligação. Este documento utiliza três células intercaladas, cada uma com uma potência nominal de 700W e o sistema é concebido para 2Kw. O inconveniente do sistema é que os interruptores do conversor flyback enfrentam uma tensão e um esforço de corrente devido às causas da fuga de energia, para ultrapassar o inconveniente acima referido, utiliza-se um conversor flyback de pinça activa.

Capítulo 3

METADOLOGIA

3.1 Diagrama de blocos do sistema proposto

O diagrama de blocos do sistema proposto contém cinco blocos principais. A fonte fotovoltaica actua como fonte de entrada e é alimentada ao conversor flyback que integra o condensador de desacoplamento. A saída CC do conversor é aplicada ao inversor de ponte completa; o inversor converte a saída CC do conversor flyback em saída CA. O filtro passa-baixo é fornecido para reduzir o conteúdo harmónico da corrente de saída do inversor. As duas técnicas de controlo são fornecidas (1) Para regular a corrente e a tensão fotovoltaicas de entrada CC (2) Deve também fornecer uma estratégia de controlo para converter a corrente contínua em corrente alternada para injecção de potência na interface da rede. O algoritmo de seguimento do ponto de potência máxima é desenvolvido para extrair a potência máxima do conjunto fotovoltaico e é alimentado ao inversor de ponte completa desdobrável utilizando um conversor flyback intercalado.

1. Módulo fotovoltaico

O módulo fotovoltaico é formado pela combinação em série e em paralelo de células fotovoltaicas, para fornecer o valor desejado de tensão e corrente.

2. Conversor DC/DC

O conversor CC-CC pode aumentar a tensão do sistema fotovoltaico em função dos requisitos da carga. Mas o inversor flyback intercalado aumenta a tensão alimentada pelo painel FV na forma de CA rectificada, que pode ser sincronizada com a tensão da rede ou pode também ser alimentada directamente à carga. A tensão de saída CA rectificada é superior à tensão da rede.

3. inversor CC/CA

Um PWM senoidal de alta frequência modulado é utilizado para os interruptores MOSFETs para gerar a tensão e a corrente de saída sinusoidais.

4.   Filtro

O filtro é ligado à saída do circuito inversor de ponte completa. É utilizado no sistema para eliminar os harmónicos presentes na saída final.

5.   sistema de controlo

A estratégia PWM é utilizada aqui para gerar um sinal de controlo que pode controlar o funcionamento de comutação dos interruptores MOSFET.

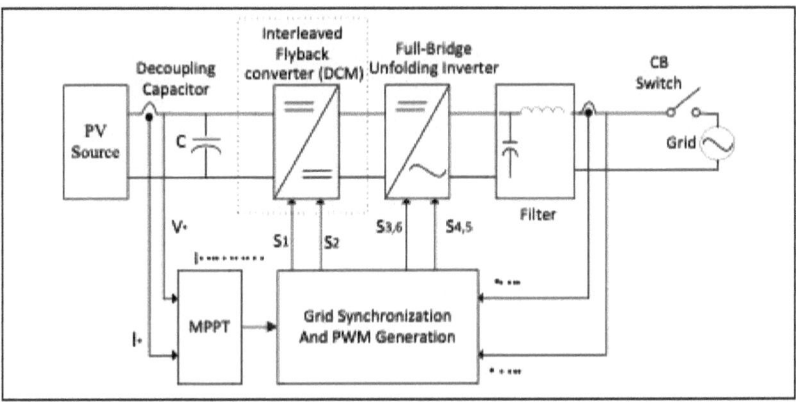

Fig.3.1. Diagrama de blocos do sistema inversor FV ligado à rede baseado na topologia do conversor flyback intercalado.

3.2   Visão geral das células solares

Uma célula solar é um dispositivo eléctrico que converte directamente a energia da luz solar em energia eléctrica, sem quaisquer peças rotativas, utilizando o efeito fotovoltaico.

Fig.3.2: Célula solar

- Uma célula solar é também designada por célula fotovoltaica (PV).
- Trata-se de um dispositivo estático, sem qualquer parte rotativa.
- O significado de "foto" é luz e "voltaico" é produzir electricidade.
- É um dispositivo electrónico de estado sólido feito de materiais semicondutores como o silício.
- A célula solar converte a energia luminosa directamente em corrente contínua (CC).
- A célula solar não necessita de energia térmica da luz para produzir energia eléctrica.
- Em 1839 foi descoberto o efeito fotovoltaico, em 1883 foram fabricadas as primeiras células solares de película fina e em 1954 foi desenvolvida a primeira célula fotovoltaica prática.
- A eficiência das células solares depende sobretudo do sombreamento das células, da irradiância, da temperatura, etc.

3.2.1 Teoria básica da célula solar

As células solares são concebidas utilizando dois tipos de materiais semicondutores: o primeiro é um semicondutor de tipo N e o outro é um semicondutor de tipo P para a produção de electricidade.

- Quando a luz incide sobre materiais semicondutores, gera pares de electrões (-ve) e buracos (+ve).
- Quando o par de electrões e buracos atinge a superfície da região de depleção de dois semicondutores de tipos diferentes, os electrões e buracos

separam-se, os electrões juntam-se no semicondutor de tipo N e os buracos juntam-se no semicondutor de tipo P, após o que não se voltam a juntar devido ao facto de a superfície de junção não permitir o tráfego nos dois sentidos.

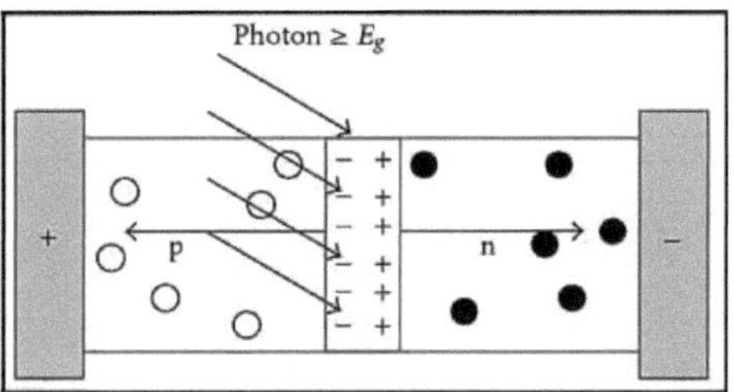

Fig.3.3. Célula fotovoltaica de junção P-N

* Agora, um electrão é contido por um material semicondutor do tipo N e os buracos são contidos por um material semicondutor do tipo P, pelo que é gerada uma força electromotriz (fem) nos eléctrodos.
* Quando esta fem é gerada, os eléctrodos são ligados a um condutor de electrões que correm para o semicondutor de tipo P e os buracos correm para o semicondutor de tipo N.

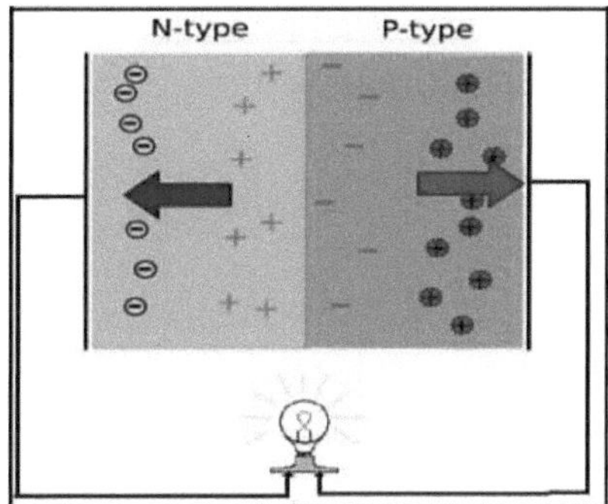

Fig.3.4. Fluxo de corrente

3.2.2 Ligações de células solares

A ligação das células solares é exactamente como a ligação das baterias. Na ligação em série, o terminal positivo de uma célula solar é directamente ligado ao terminal negativo da segunda célula solar. Na ligação em série, a corrente é a mesma para todas as células e a tensão é adicionada por cada célula, como mostra a figura 3.5. Na ligação em paralelo, todos os terminais positivos das células solares são ligados a uma junção qualquer e todos os terminais negativos das células solares são ligados a outra junção.

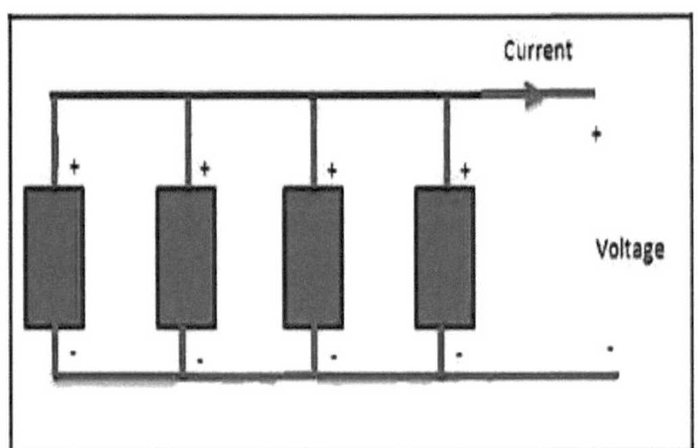

Fig 3.5. Ligação em série de uma célula solar

Como mostra a figura 3.6, aqui a corrente é adicionada e a tensão é a mesma para todas as células.

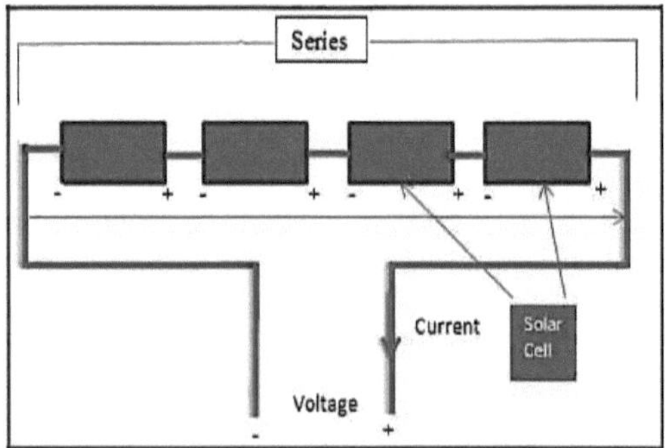

Fig. 3.6. Ligação em paralelo de uma célula solar

3.2.3 Célula solar, módulo ou painel solar e matriz solar fotovoltaica

No sistema de produção de energia solar, para uma produção elevada de energia, é necessário ligar um número de células solares sob a forma de módulo solar ou painel solar e, para uma maior capacidade, sob a forma de matriz, como se mostra na Fig.3.7

3.2.3.1 Módulo fotovoltaico

Um painel ou módulo solar é um grupo de células solares fotovoltaicas ligadas electricamente e montadas numa estrutura de suporte. Um módulo fotovoltaico é uma ligação em série de células solares dispostas de forma sistemática.

3.2.3.2 Matriz fotovoltaica

Um painel solar é um grupo de módulos solares fotovoltaicos ligados electricamente entre si e montados numa estrutura sustentável para produzir uma maior quantidade de energia. Para este projecto, a principal tarefa é conceber um sistema de produção de energia autónomo para uma pequena carga, como uma casa situada numa zona montanhosa ou para qualquer pequena carga que não esteja ligada à rede eléctrica.

Para este tipo de cargas, conceber um sistema que utilize a energia gerada pelo painel fotovoltaico e a converta em corrente alternada para cargas de corrente alternada ou a armazene num elemento de armazenamento com eficiência e em paralelo, alimentando a carga.

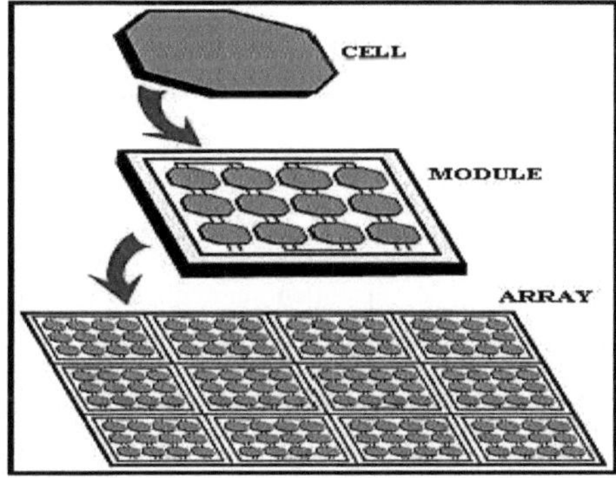

Fig. 3.7. Formação do módulo solar e do conjunto solar fotovoltaico

3.2.4 Modelação de células solares

O sistema fotovoltaico (PV) ligado à rede é constituído principalmente pelo painel PV como gerador DC, conversor DC-DC, inversor e filtro. Um sistema fotovoltaico é constituído por um sistema solar, que é um grupo de dispositivos em série/paralelo, em que o bloco básico do módulo é uma célula solar. Comercialmente, a potência nominal da célula solar varia entre 1 e 2 W, dependendo do material da célula solar e da superfície; por conseguinte, um módulo solar de projecto, em que a potência da célula solar é medida e, em seguida, o módulo é ligado em série e em paralelo.

As equações do modelo FV são apresentadas num modelo matemático utilizando a saída e a entrada FV. O valor da fonte de corrente depende do valor do díodo e está em paralelo com a fonte de corrente. A resistência está em paralelo com o díodo e em série com a sua resistência adicional. Os números das resistências em paralelo ou em série indicam a posição da célula em série ou em paralelo.

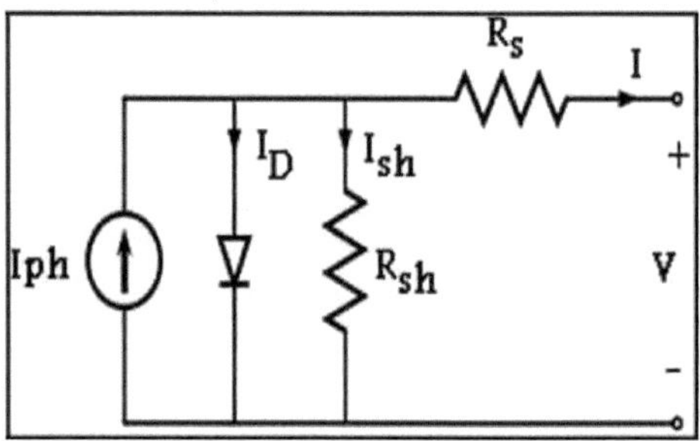

Fig.3.8. Circuito equivalente da célula fotovoltaica

A fonte de corrente representa a   foto-corrente da célula. E são as resistências intrínsecas shunt e série da célula, respectivamente. Normalmente, o valor de é muito grande e o de é muito pequeno, pelo que podem ser negligenciados na prática. As células fotovoltaicas são agrupadas em unidades maiores denominadas módulos fotovoltaicos e, para criar conjuntos fotovoltaicos, estes módulos são ligados em série ou em paralelo, sendo posteriormente utilizados para gerar electricidade em sistemas de produção fotovoltaica.

A saída de corrente do módulo fotovoltaico é:

16

$$I = I_{ph} - ID - I_{sh} \qquad\qquad \dots\dots(1)$$

A fotocorrente do módulo é,

$$I_{ph} = [I_{sc} + K_i\,(T - 298)] \times \frac{I_r}{1000} \qquad\qquad \dots\dots(2)$$

Onde,

I_{ph}: Fotocorrente (A)

I_{sh}: Corrente de curto-circuito (A)

K_i: Corrente de curto-circuito da célula solar a 25 °C e 1000 W/m2.

T: Temperatura de funcionamento (K)

I_r: Irradiação solar (W/m2).

A corrente de saturação inversa do módulo é,

$$I_{rs} = \frac{I_{sc}}{[\exp\!\left(q \times \frac{V_{oc}}{N_{skn}T}\right) - 1]} \qquad\qquad \dots\dots$$

. (3)

Onde,

:   Carga do electrão $= 1{,}6 \times 10^{-19}$ C. Tensão de circuito aberto (V)
:   Número de células ligadas em série.
:   O factor de idealidade do díodo.
:   Constante de Boltzmann $= 1{,}3805 \times 10\text{-}23$ J/K.

A saída de corrente do módulo fotovoltaico é:

$$I = N_p \times I_{ph} - N_p \times I_0 \times [exp\ (V/N_s + 1 \times R_s)\ /N_P \times n \times V_T] - 1 - I_{sh} \dots\dots (4)$$

A corrente de derivação é dada por,

$$I_{sh} = (\ V \times N_p\ /\ N_s + 1 \times R_s\ )\ /\ R_{sh} \qquad\qquad \dots\dots\dots (5)$$

3.2.5 Curva característica I-V de um painel solar

Um módulo fotovoltaico produz a corrente máxima quando os seus terminais positivo e negativo estão em curto-circuito, esta corrente máxima é designada por corrente de curto-circuito do painel fotovoltaico. Quando o painel solar está em curto-circuito, a sua tensão no terminal vai para zero.

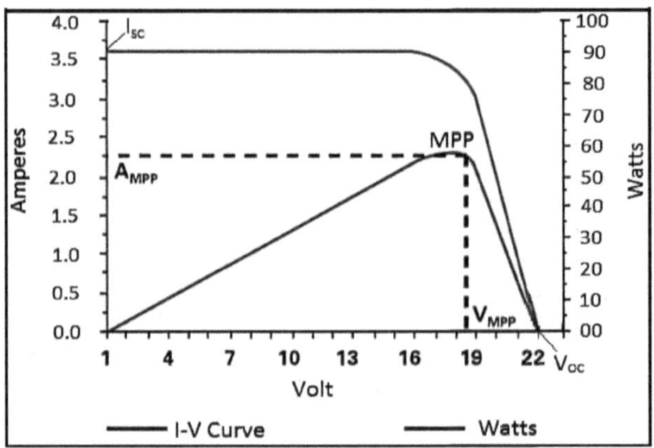

Fig.3.9 Característica I-V padrão de um painel solar

Quando o terminal do painel é mantido em circuito aberto, a tensão através do seu terminal é máxima, denominada tensão de circuito aberto do painel. Neste momento, o painel solar passa a ter uma resistência infinita, uma vez que a corrente é nula. Entre estes dois pontos extremos, sob diferentes condições de resistência de carga, obtêm-se diferentes pares de pontos de corrente e tensão, ligando os pontos numa curva chamada curva I-V. Esta curva é designada por características I-V de um determinado painel. A Fig.3.9 mostra a curva I-V com a curva de potência de saída. Como se pode ver na Fig.

3.9, ocorre quando a corrente é zero e ocorre quando a tensão é zero nessa curva e a potência desse painel em qualquer ponto de Watt é calculada multiplicando a corrente e a tensão desse ponto.

3.2.6 Impacto da irradiação solar na característica I-V de um painel solar

A irradiância solar mais elevada ao nível do solo é de 1000 w /m^2 . Se a irradiância solar diminuir devido a nuvens, ao movimento da terra ou a qualquer outra razão, a corrente de saída do painel solar será reduzida, uma vez que é directamente proporcional à irradiância solar, enquanto a variação da tensão é muito menor, como se mostra na Fig. 3.10.

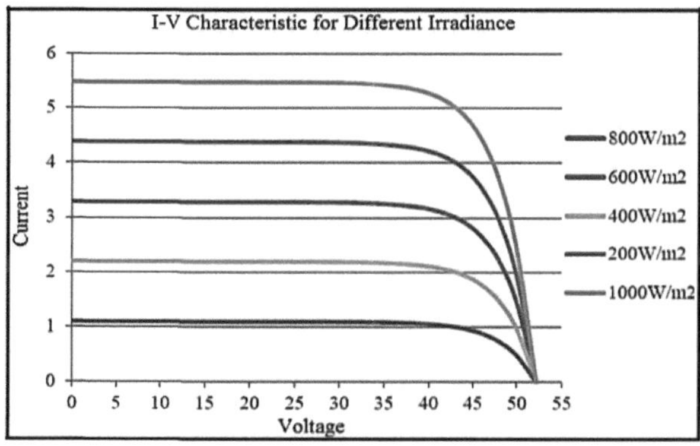

Fig 3.10. Efeito da irradiação solar

3.2.7 Impacto da temperatura na característica I-V de um painel solar

A temperatura afecta a corrente de saturação da célula solar e tem um pequeno efeito sobre I_{PH} , pelo que V_{oc} tem um coeficiente de temperatura negativo (-) (para o silício -2,3mV/°C). A Fig.3.11 mostra a curva I-V para diferentes variações de temperatura.

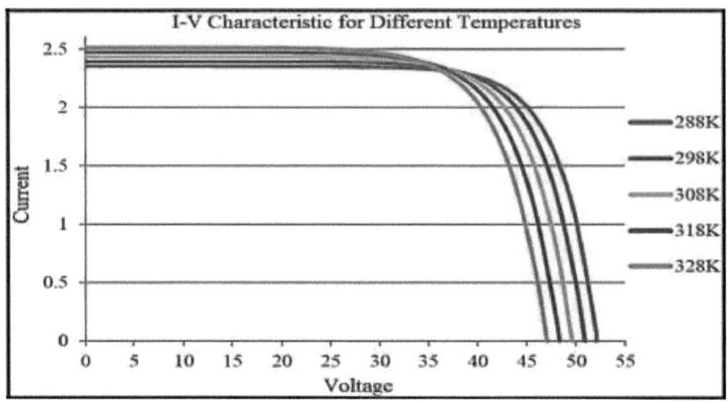

Fig.3.11 Curva I-V para diferentes temperaturas

3.3 Visão geral do conversor CC/CC

O conversor CC/CC básico é constituído por um comutador, um circuito de filtragem e uma carga. O conversor CC/CC pode ser classificado por vários métodos, um dos métodos básicos é o isolamento, de acordo com o qual é classificado em dois tipos.

1) Conversor CC/CC isolado.
2) Conversor CC/CC não isolado.

No sistema de conversão CC/CC isolado, a saída e a entrada são isoladas electricamente através da utilização de um transformador. E as vantagens adicionais deste conversor isolado são a multiplicação da relação de tensão.

Os conversores CC/CC não isolados podem ainda ser diferenciados por ligações de elementos como o conversor Buck, o conversor Boost, o conversor Buck-Boost, o conversor Cuk e o conversor Sepic. O conversor CC/CC é sobretudo utilizado para converter a alimentação de entrada CC não regulada numa alimentação de saída CC regulada. Um conversor DC-DC é uma parte principal da implementação do hardware MPPT. O MPPT utiliza o conversor supramencionado para regular a tensão de entrada solar DC do MPP e fornecer a correspondência de impedância para a transferência máxima de potência para a carga.

3.3.1 Necessidade do conversor CC/CC

Um conversor dc/dc é a parte principal de qualquer sistema de circuito MPPT. Sem um conversor dc/dc, não é possível conceber um circuito MPPT. Quando é efectuada uma ligação directa entre a fonte e a carga, a saída do módulo fotovoltaico afasta-se irregularmente do ponto de potência máxima. É necessário ultrapassar este problema acrescentando um circuito de adaptação entre a fonte e a carga. Um circuito controlador MPPT com um circuito conversor CC-CC é utilizado como circuito de adaptação. Para obter a máxima transferência de potência da fonte para a carga, é necessário um circuito suplementar para apoiar a carga de modo a que a impedância coincida com a impedância da fonte.

3.3.2 Conversor Flyback

Na topologia flyback, o interruptor principal e o transformador flyback estão ligados em série. A energia fornecida pelo módulo FV é armazenada num indutor que está ligado em paralelo com o transformador flyback, que aumenta a tensão. O transformador flyback não só aumenta a tensão como também proporciona o isolamento entre o módulo FV e a carga ou a rede. A configuração do indutor utilizada no conversor flyback é dividida em duas partes para formar um transformador. É também um conversor buck-boost e esta topologia proporciona um rácio de conversão de tensão elevado através da multiplicação do rácio de rotação do transformador, sendo também capaz de proporcionar isolamento. Esta configuração consiste numa indutância de magnetização "Lm" com um transformador de relação de transformação N1/N2. As perdas no transformador são negligenciáveis, pelo que as perdas são desprezadas. O modo de funcionamento deste conversor depende da magnitude da indutância de magnetização.

O MOSFET é utilizado como um interruptor. O lado primário do transformador é ligado à alimentação de entrada. O fluxo magnético é aumentado e o potencial é armazenado nele. O estado de polarização invertida do díodo de saída resulta numa tensão negativa induzida no mesmo.

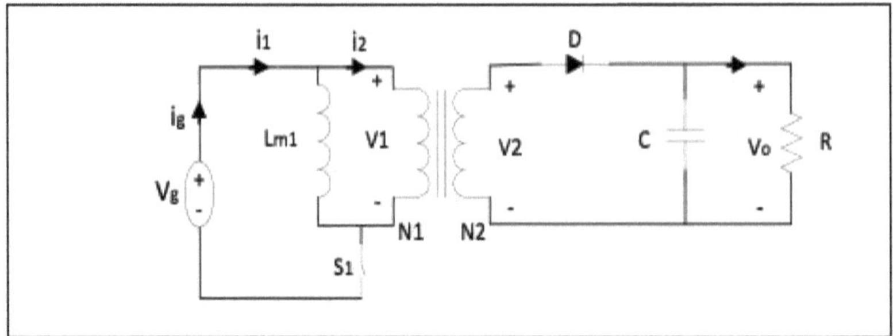

Fig. 3.12 Conversor Flyback

É necessário um condensador de filtro de saída para fornecer a energia à carga. A topologia em que o MOSFET é desligado automaticamente, a corrente e o fluxo no lado primário são reduzidos e o díodo no lado secundário é polarizado para a frente, o que resulta numa tensão positiva induzida no lado secundário do transformador. O transformador contém energia armazenada que é fornecida com êxito à carga. O conversor flyback tem muitas vantagens que eliminam com sucesso a necessidade de filtro indutor, reduzindo o custo e também é capaz de fornecer saída filtrada. Quando o MOSFET é ligado, o condensador de saída descarrega energia para a carga, fornecendo-lhe corrente de carga, cujo valor deve ser elevado neste conversor.

Esta configuração é capaz de fornecer múltiplas saídas através da utilização de múltiplos enrolamentos secundários. O enrolamento secundário adicional é necessário para gerar tensão CA acompanhada de tensão de saída CC. A tensão de saída CA é extraída utilizando um filtro LC adicional e um enrolamento secundário adicional. Este tipo de conversor é utilizado em sistemas autónomos de energia solar rurais, em que são necessários os dois tipos de potência (CA e CC).

3.4   Introdução ao MPPT

A eficiência de uma célula solar é muito baixa e também quando as células solares são ligadas entre si para formar um painel, a sua eficiência não aumenta. Para aumentar a eficiência ( ) de uma célula solar ou de um painel solar, é necessário utilizar o teorema da máxima transferência de potência. O teorema da transferência máxima de potência diz

22

que a potência máxima é transferida quando a resistência de saída da fonte coincide com a resistência de carga, ou seja, a impedância da célula solar ou do painel solar. Assim, todas as técnicas MPPT se baseiam nos princípios do teorema da máxima transferência de potência, que tenta sempre fazer corresponder a impedância da carga à da fonte. O seguimento do ponto de máxima potência (MPPT) é agora habitual nos sistemas de produção de energia fotovoltaica ligados à rede e está a tornar-se cada vez mais popular nos sistemas de produção de energia isolados ou autónomos, porque as características V-I dos sistemas de produção de energia fotovoltaica não são lineares, pelo que é difícil fornecer uma potência constante a uma determinada carga.

Há uma confusão com o MPPT, pois muitas pessoas pensam que se trata de um dispositivo mecânico que segue o sol, roda o painel solar ou as células solares e inclina-o na direcção do sol, onde a irradiação solar é maior. Mas o MPPT é um conceito de dispositivo electrónico que extrai a máxima potência possível do painel solar. Varia o ponto de funcionamento eléctrico do painel, alterando o ciclo de funcionamento do conversor CC/CC para fazer corresponder a impedância da carga à impedância das células fotovoltaicas. O sistema de seguimento mecânico pode ser utilizado com o MPPT, mas estes dois sistemas são completamente diferentes um do outro. Para compreender como funciona o MPPT, comecemos por estudar um painel solar.

Um painel solar gera energia utilizando o efeito fotovoltaico, pelo que é óbvio que um painel solar tem uma característica P-V, o que significa que, para um ponto de funcionamento diferente do painel solar, pode ser obtida uma potência diferente. Por conseguinte, a potência máxima possível é obtida a partir do painel solar quando este funciona apenas num ponto de funcionamento específico da característica P-V do painel solar. Este ponto na característica P-V é designado por ponto de potência máxima (MPP). Este MPP muda quando a irradiação solar muda, a temperatura muda ou quando o painel solar está parcialmente sombreado. Assim, quando estes factores se alteram, o ponto de funcionamento máximo do painel solar também se altera. Para monitorizar esse MPP em constante mudança, é necessário um dispositivo chamado Maximum Power Point Tracker (MPPT).

No sistema de produção de energia fotovoltaica, o MPPT desempenha um papel muito importante, uma vez que extrai a máxima potência possível do painel através da variação do ciclo de funcionamento do conversor CC/CC e esse ciclo de funcionamento é controlado por diferentes técnicas de MPPT e respectivos algoritmos. Algumas são enumeradas a seguir.

1. Tensão de circuito aberto.
2. Corrente de curto-circuito.
3. Tensão constante.
4. Perturbar e observar.
5. Condutância incremental
6. Método da temperatura.
7. Técnicas inteligentes de MPPT.

Estas técnicas são classificadas de acordo com as suas características, como a simplicidade, os tipos de estratégias de controlo, o número de variáveis de controlo, os tipos de circuitos, a velocidade de convergência, o número de sensores necessários, a rentabilidade, etc.

Neste projecto, o famoso algoritmo Perturb and Observe é escolhido tendo em conta as características acima referidas das técnicas MPPT, principalmente a simplicidade na natureza, o número de sensores necessários e a relação custo-eficácia.

3.4.1 Perturbar e observar

A corrente e a tensão da fonte fotovoltaica flutuam ao longo do dia devido à variação da temperatura e da irradiação solar. A potência máxima é extraída apenas num ponto de funcionamento, onde o valor da corrente e da tensão são máximos, conhecido como ponto de potência máxima. Existem muitos algoritmos para MPPT, mas o algoritmo P & O é utilizado devido à sua simplicidade. O algoritmo P & O é utilizado devido à sua simplicidade. O seu rácio de funcionamento do conversor flyback é desregulado e também ajusta a corrente e a tensão da ligação CC entre o conjunto fotovoltaico e o conversor flyback para extrair a potência máxima. A Fig. 3.13 mostra o diagrama de fluxo do algoritmo P & O. A potência do painel fotovoltaico pode ser calculada medindo a corrente e a tensão fotovoltaicas. O rácio de funcionamento pode ser reduzido alterando uma pequena quantidade de tensão e potência, mas a alteração deve ser positiva. O rácio de funcionamento pode ser aumentado mantendo a potência positiva e a alteração da tensão negativa. O rácio de funcionamento adequado pode ser calculado utilizando o algoritmo MPPT e são gerados impulsos de disparo do conversor flyback.

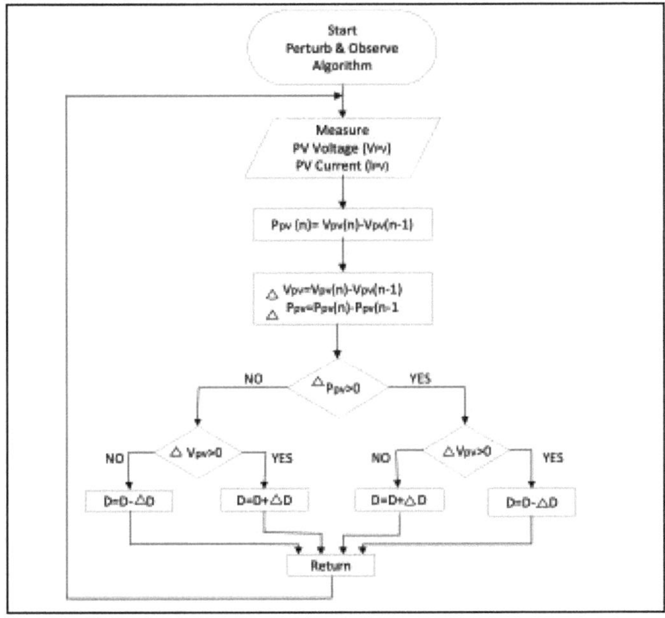

Fig. 3.13 Fluxograma do método P & O

3.5 Visão geral do inversor monofásico

Em qualquer sistema de produção de energia solar, uma das secções mais importantes é a conversão da energia CC gerada em energia CA para funcionamento ou operação ou funcionamento das cargas CA. Um dispositivo chamado Inversor converte a energia CC em energia CA.

90% dos equipamentos eléctricos funcionam com corrente alternada, o que é comprovado pela observação de todos os equipamentos eléctricos à nossa volta, que funcionam consumindo corrente alternada. Por isso, para os utilizarmos, mesmo para cargas pequenas ou muito pequenas, temos de precisar de energia CA. A energia CA é necessária quer se trate de um sistema ligado à rede ou de um sistema isolado. Se precisarmos de um sistema isolado, então muitas cargas devem ser cargas DC para isso precisamos de encomendar especialmente à empresa de desenvolvimento que irá aumentar as nossas despesas, então é melhor comprar equipamento eléctrico AC do mercado que será económico para o nosso custo de aparelhos eléctricos. Assim, quando as cargas são AC, então a energia AC deve ser necessária e, para isso, temos de converter a energia solar DC em energia AC, que é a forma como um inversor é uma parte importante da geração de energia solar.

3.5.1 Tipos de inversores

De acordo com a facilidade de utilização, o inversor pode dividir-se em duas categorias

1) Inversor isolado ou autónomo - Neste tipo de inversor, recebe apenas energia CC de uma fonte como uma bateria ou um painel solar e converte essa energia em energia CA e alimenta a carga CA.

2) Inversor de ligação à rede - Neste tipo de inversor, retira energia da fonte de alimentação CC e converte-a em energia CA e fornece-a à rede e, por vezes, retira energia do sistema de rede e carrega a bateria quando a energia solar não está suficientemente disponível. No nosso projecto, concebemos e implementámos um inversor solar monofásico muito simples e compacto. Com um tamanho muito simples e compacto, este projecto centra-se principalmente na concepção e implementação de um sistema de produção de energia solar rentável para facilitar a utilização de fontes de energia renováveis.

É utilizado o inversor de desdobramento em ponte completa. Ele é responsável apenas por desdobrar a corrente DC modulada sinusoidalmente em AC no momento certo da tensão da rede. A frequência da rede é utilizada para accionar os comutadores do inversor. A frequência da rede é baixa. Assim, as perdas na activação e desactivação do IGBT são negligenciáveis. As perdas de condução são consideradas devido à elevada resistência no estado ligado dos interruptores electrónicos de potência (IGBT) do inversor.

Capítulo 4

FUNCIONAMENTO DO SISTEMA PROPOSTO

4.1   Configuração do circuito do sistema proposto

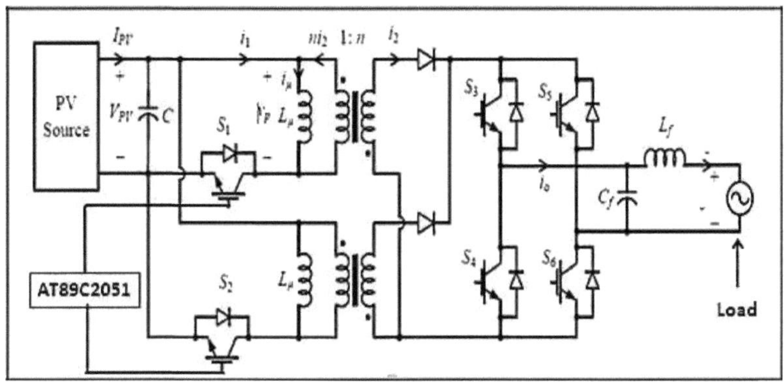

Fig. 4.1. Diagrama do circuito do sistema inversor PV flyback

O conversor flyback é utilizado em cada conversão AC/DC e DC/DC com isolamento galvânico entre a entrada e muitas saídas. O conversor flyback é simples como um conversor buck-boost em que o único indutor é dividido para formar um transformador, de modo a que as relações de tensão sejam multiplicadas com uma vantagem adicional de isolamento. Por exemplo, numa lâmpada de plasma ou num factor multiplicador de tensão, o díodo rectificador do conversor boost não é visível e o dispositivo é designado por transformador flyback. O conversor flyback é um conversor de potência isolado electricamente. Cada um deles necessita de um sinal relacionado com a tensão de saída.

No sistema existente, foram implementados três transformadores intercalados, o que torna o circuito mais complexo e aumenta o seu tamanho. As desvantagens desse sistema são as seguintes

• Complexidade do circuito.

27

• Custo elevado devido ao maior número de componentes.

• Dimensão do circuito em grande.

Devido a este inconveniente, a eficiência do sistema diminui. Para melhorar a eficiência e o desempenho do sistema, utiliza-se o conversor flyback intercalado com duas fases. Como se mostra na Fig. 3.14, a configuração do circuito do conversor proposto. O conjunto fotovoltaico como fonte de entrada, a corrente fotovoltaica (Ipv) é aplicada ao conversor flyback intercalado de dois estádios através do condensador de desacoplamento (C). O condensador de desacoplamento é fornecido para eliminar os harmónicos presentes na corrente fotovoltaica e também para equilibrar o sistema. O interruptor electrónico de potência (MOSFET) de baixa resistência no estado ligado é utilizado no lado primário do conversor flyback como interruptor flyback.

O lado secundário do circuito é constituído por um inversor de ponte completa e um filtro passa-baixo. O inversor em ponte completa é constituído por interruptores e díodos. Os interruptores funcionam na frequência da rede, pelo que as perdas de comutação não são consideradas. Apenas são consideradas as perdas de condução. Assim, podem ser utilizados comutadores de tiristores ou de transístores quando se trata de custos. Mas para um controlo fácil e uma prototipagem rápida, preferimos utilizar o transístor bipolar de porta isolada (IGBT). O filtro passa-baixo seguido do conversor em ponte fornecerá a corrente directamente à rede com menos THD, removendo os harmónicos de alta frequência.

4.1.1 Funcionamento

Quando o interruptor S1 é ligado, a tensão PV é aplicada ao enrolamento primário e a corrente flui no circuito primário. A corrente parte de um valor inicial nulo e aumenta linearmente com um declive positivo. No final do tempo de ligação, a corrente atinge um valor de pico. Quando o interruptor S1 está desligado, a tensão primária do transformador flyback torna-se negativa em relação à tensão da rede, depois de ter sido reduzida pelo rácio de rotação. A corrente de magnetização flui neste ponto. No final do tempo de desactivação do interruptor, a corrente de magnetização diminui linearmente do valor máximo para zero. O mesmo processo repete-se no interruptor S2, lado a lado. Assim, o processo de comutação provocaria um modo de condução descontínuo. Este processo é efectuado com o controlador PIC. Até agora, a natureza da corrente é DC. Para converter esta corrente CC em CA, utilizamos um conversor em ponte. Após a conversão de CC em CA, a corrente flui para o filtro passa-baixo que filtra todos os harmónicos de alta frequência da forma de onda da corrente. Em seguida, a corrente é alimentada à rede eléctrica.

Na configuração do circuito do sistema proposto acima, o sistema solar fotovoltaico é ligado à rede. O isolamento galvânico entre a entrada do sistema solar fotovoltaico e a rede é efectuado utilizando a topologia do conversor flyback. Esta topologia de conversor flyback utiliza um transformador flyback, cujas vantagens adicionais são o facto de o rácio de tensão ser multiplicado e de ser necessária mais potência.

Capítulo 5

SIMULAÇÃO EM MATLAB

5.1 Parâmetros de simulação

Os parâmetros seguintes são utilizados para a simulação do sistema proposto.

Tabela 5.1. Parâmetros de simulação

Parâmetro	Símbolo	Valor	Unidade
Tensão fotovoltaica	Vpv	88	V
Corrente fotovoltaica	Ipv	22	A
Condensador de desacoplamento	C	9400	μF
Indutância de magnetização	Lm	8	μH
Voltas do enrolamento primário	Np	4	-
Voltas do enrolamento secundário	Ns	18	-
Indutância do filtro	Lf	250	μH
Capacitância do filtro	Cf	1	μF
Frequência de comutação	Fs	40	KHz
Número de células intercaladas	Ncell	2	-
Frequência da rede	F	50	Hz

5.2   Modelo do sistema proposto

Para testar o desempenho do conversor proposto, é simulado o sistema apresentado na Fig. 5.1.

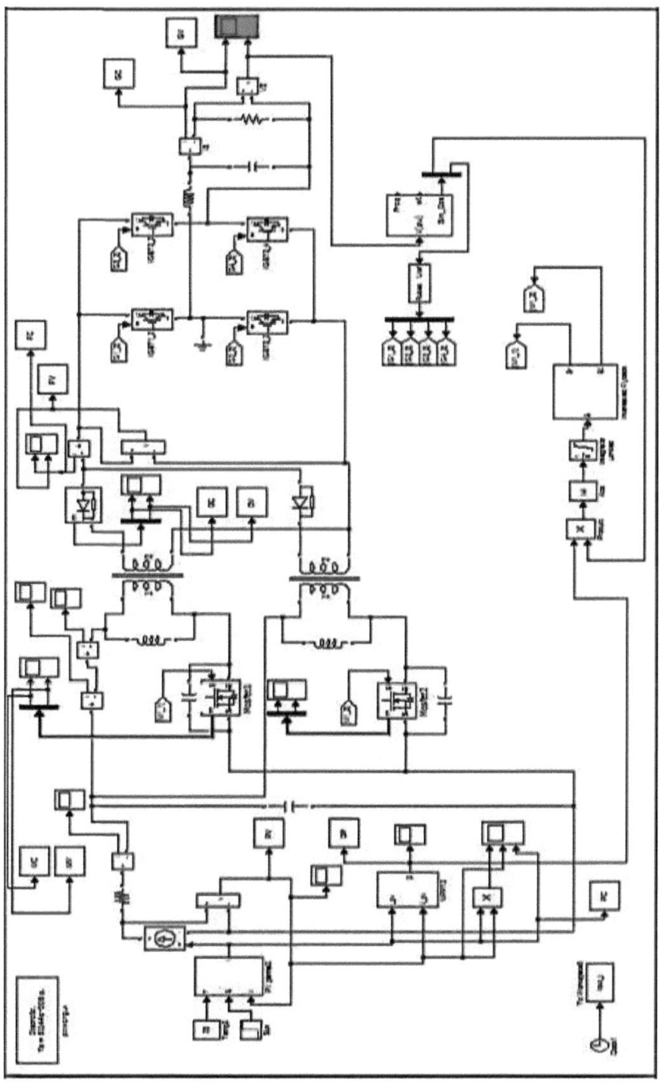

Fig.5.1. Modelo MATLAB para o inversor flyback intercalado proposto

5.3   Resultados da simulação

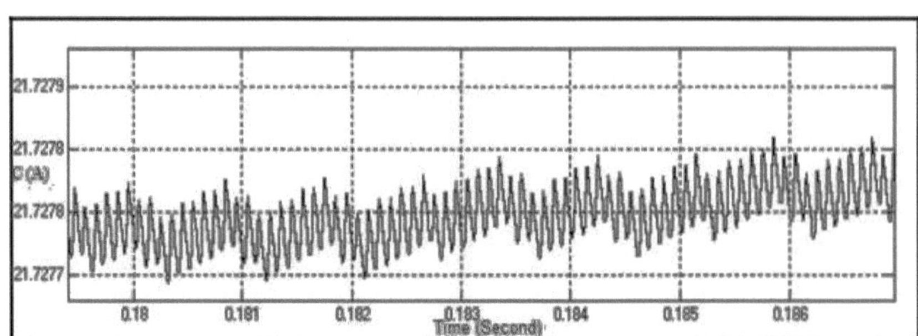

Fig. 5.2 Corrente através do painel FV

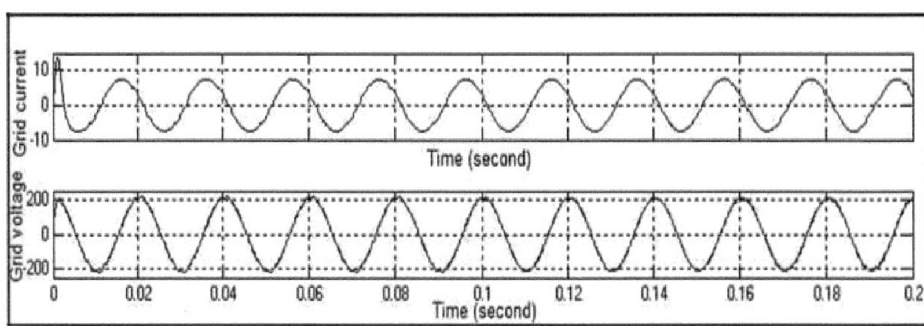

Fig.5.3 Corrente e tensão da rede

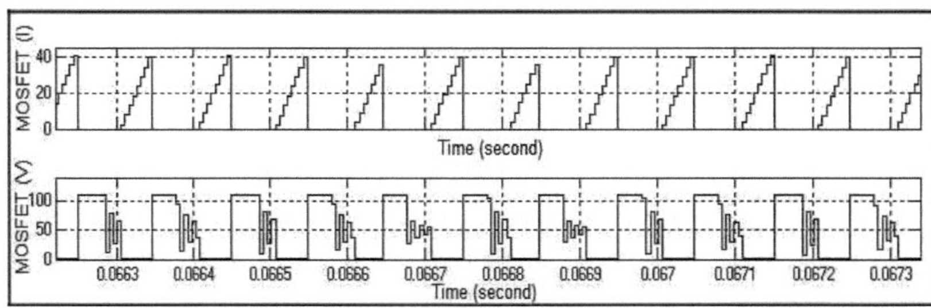

Fig. 5.4 Corrente e tensão através do interruptor flyback

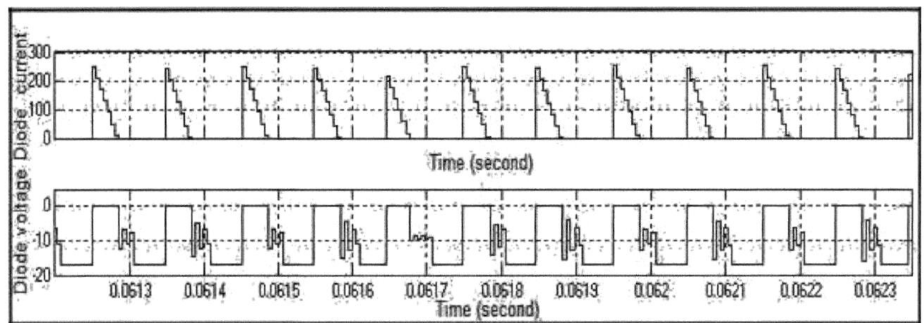

Fig. 5.5 Corrente e tensão através do díodo

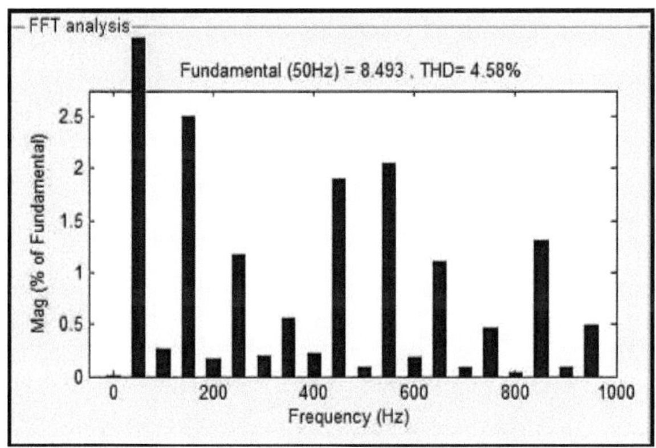

Fig. 5.6 Análise THD da corrente da rede

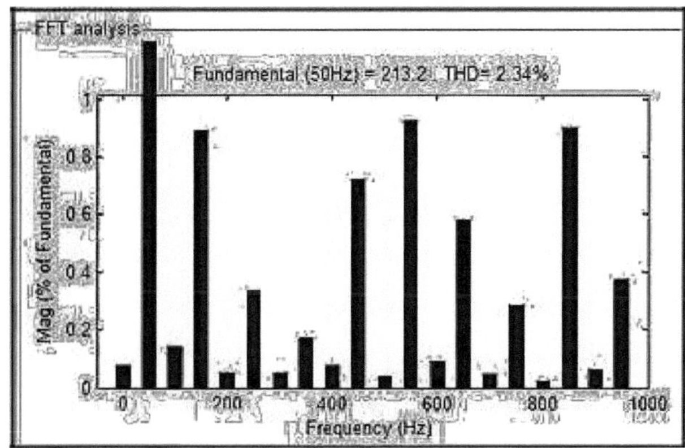

Fig.5.7 Análise THD da tensão da rede

Capítulo 6

IMPLEMENTAÇÃO DE HARDWARE

6.1   Diagrama de blocos do sistema proposto

Este capítulo contém pormenores sobre o modelo de protótipo do inversor flyback intercalado utilizando o circuito de condução do MOSFET e controlado pelo controlador AT89C2051 para gerar o sinal de comutação para o circuito do inversor. E inclui também os resultados do hardware. A Fig. 6.1 mostra o diagrama de blocos do protótipo de hardware.

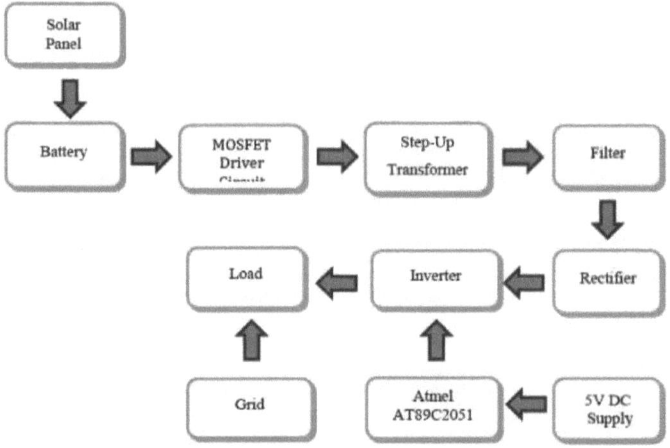

Fig.6.1 Diagrama de blocos do modelo de hardware

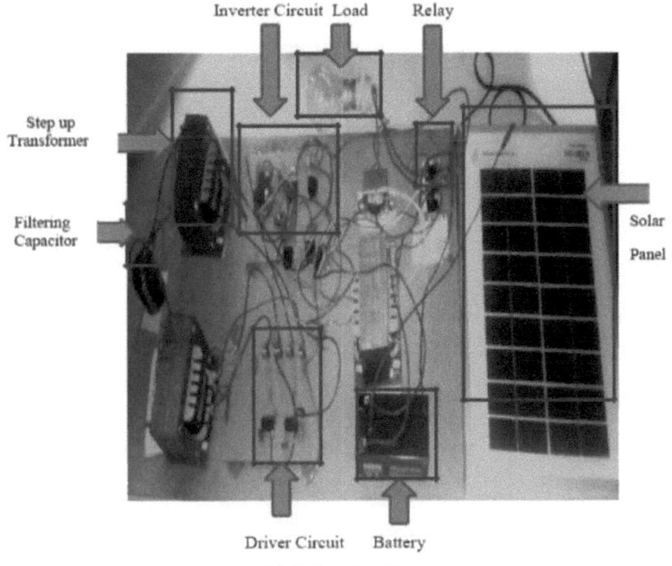

Fig.6.2 Experimental setup

Fig.6.2 Configuração experimental

6.2 Componentes da configuração de hardware

6.2.1 Alimentação eléctrica

Basicamente, existem dois tipos de alimentação AC e DC, a alimentação AC pode ser obtida directamente da rede eléctrica, enquanto a alimentação DC pode ser obtida a partir de uma bateria ou de um painel fotovoltaico. A energia solar é convertida em energia eléctrica, sob a forma de corrente contínua. Esta CC é armazenada na bateria para fins de utilização externa

6.2.2 Painel solar

Utilizar um painel solar como fonte de energia. O painel solar converte a energia luminosa em energia eléctrica. O valor do painel solar utilizado no protótipo de hardware é de 12 Watt. A tensão e a corrente nominal são de 12V e 1A.

Fig. 6.3 Painel solar

6.2.3 Bateria

A bateria total de 12V pode ser utilizada como fonte de energia. A saída do painel solar não é constante, pelo que se deve utilizar a bateria para armazenar a energia solar de saída. Para utilizar a fonte de alimentação constante de 12V utilizando a bateria

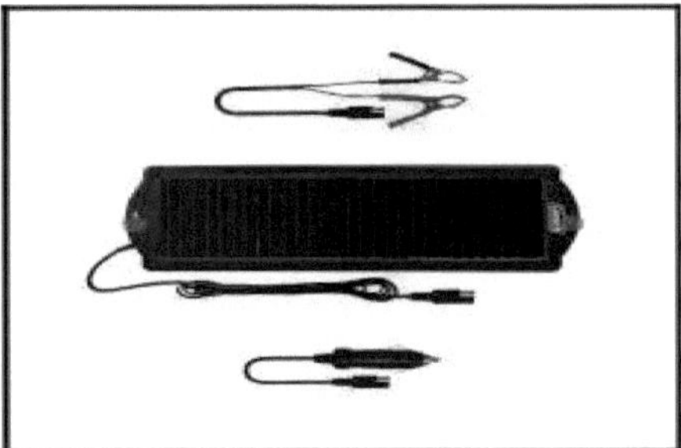

Fig. 6.4 Bateria

6.2.4 Circuito do condutor

6.2.4.1 MOSFET de potência

O transístor de efeito de campo de semicondutor de óxido metálico de potência (MOSFET) é utilizado como dispositivo de comutação. O MOSFET é um transístor de potência. A velocidade de comutação dos transístores modernos é muito superior à dos tiristores e é muito utilizada em conversores CC-CC e CA-CC. No entanto, os seus valores nominais de tensão e de corrente são inferiores aos dos tiristores e são utilizados em aplicações de baixa e média potência. Um MOSFET de potência é um dispositivo que é controlado por tensão e requer apenas uma pequena corrente de entrada. A semente de comutação é muito elevada e os tempos de comutação são da ordem de 9f nano segundos. Como o MOSFET conduz durante o tempo em que o impulso da porta está presente e não conduz quando o impulso da porta é removido, não há necessidade de circuitos de comutação externos. Os MOSFET de potência encontram cada vez mais aplicações em conversores de alta frequência de baixa potência. A impedância de entrada é muito elevada, 10^9 a 10^{11} ohms. Exigem uma energia de porta muito baixa e baixas perdas de comutação e de condução. No entanto, os MOSFET têm o problema da descarga electrostática e também é difícil protegê-los em condições de falha de curto-circuito.

São utilizados dois tipos de MOSFETs,

1. MOSFETs de depleção e
2. MOSFETs de reforço.

Um MOSFET do tipo depleção permanece ligado a uma tensão de porta zero, enquanto um MOSFET do tipo melhoramento permanece desligado a uma tensão de porta zero, os MOSFETs do tipo melhoramento são geralmente utilizados como dispositivos de comutação em electrónica de potência. Neste projecto, utilizámos MOSFETs de canal n do tipo "enhancement".

Fig.6.5 Diagrama de pinos do MOSFET

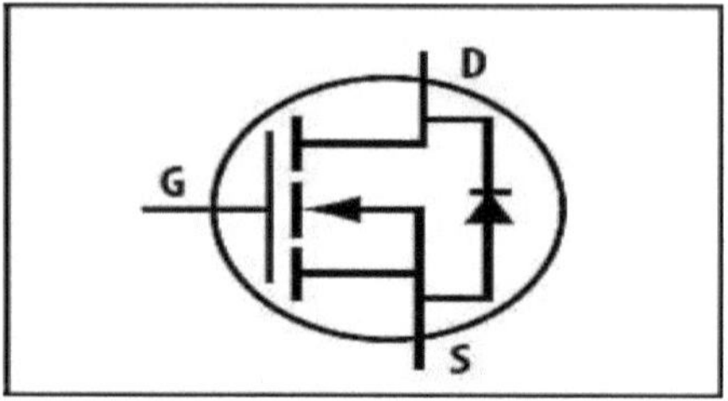

Fig.6.6 Símbolo do MOSFET

Um MOSFET é composto por três pinos, nomeadamente G- gate, D-drain e S-source, como mostra a figura acima. O sinal de porta é aplicado entre G e S. A alimentação é fornecida entre D e S. Chama-se ligação de fonte comum. Para este projecto, o MOSFET de potência IRFZ44 é utilizado para fins de comutação.

- **Classificações do IRFZ44Z MOSFET**

  $Vds= 55V$.

  $Rds=13,9\Omega$.

  $Id= 51A$.

- **Características do IRFZ44Z MOSFET**

1. Classificação dinâmica dv/dt
2. Avalanche Repetitiva Classificada
3. Comutação rápida
4. Facilidade de ligação em paralelo
5. Requisitos de accionamento simples

6.2.4.2 Díodo

O Diodo IN4148 é um **diodo** de comutação de **silício** padrão. É o díodo de comutação mais popular e de longa duração. Isto deve-se ao seu baixo custo e às suas especificações fiáveis. É um pequeno díodo de sinal que é ligado em série com a alimentação de 12V para remover qualquer tensão negativa devido a ondulações. Basicamente, actua como um filtro.

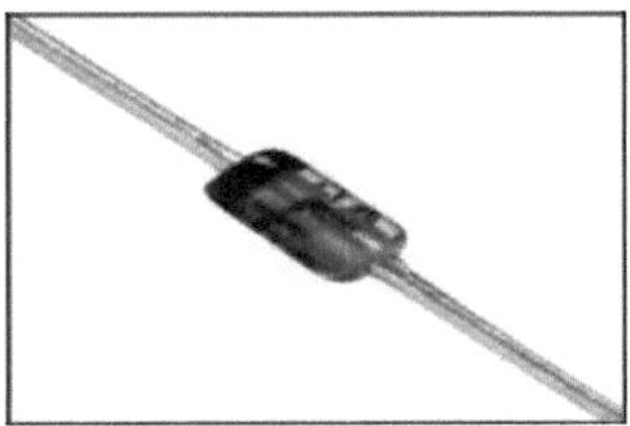

Fig. 6.7 Díodo

- **Características:**
  1. Classificação de tensão de pico até 30A.
  2. Baixa queda de tensão.
  3. Baixa corrente de fuga inversa.
  4. Elevada capacidade de corrente.

6.2.4.3 Transístor

Na electrónica de potência, o transístor é um tipo de semicondutor que é utilizado para amplificar ou fornecer comutação a sinais electrónicos. Basicamente, o transístor é feito de uma peça sólida de um material semicondutor e tem pelo menos três terminais para ligação aos circuitos externos. Se for aplicada corrente ou tensão a um par de terminais do transístor, esta altera a corrente que flui através do outro par de terminais do transístor. A potência de saída pode ser grande em comparação com a potência de entrada controlada, pelo que o transístor é utilizado para amplificar o sinal nesse caso. É um componente essencial da electrónica de potência moderna e tem muitas aplicações, como a rádio, o telefone, o computador e outros sistemas electrónicos.

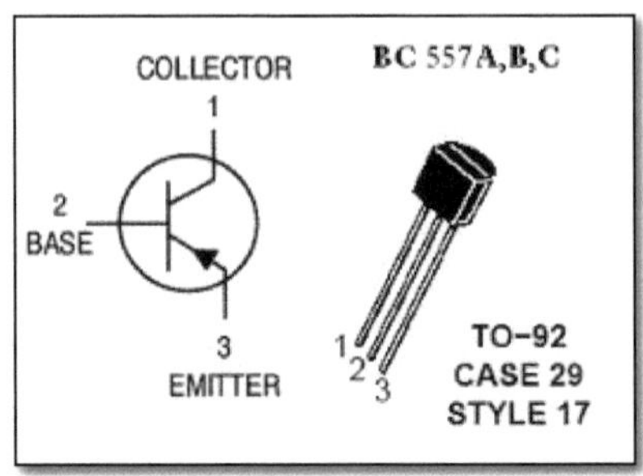

Fig. 6.8 Transístor BC557

6.2.4.4 Condensador

O condensador C é utilizado para suavizar a alimentação CC de entrada que pode ter um conteúdo de ondulação. O condensador utilizado no sistema é de 100uF/25V, 0,1nF/100V e 0,001uF/50V em circuitos de 12 V CC que são fornecidos ao circuito de controlo.

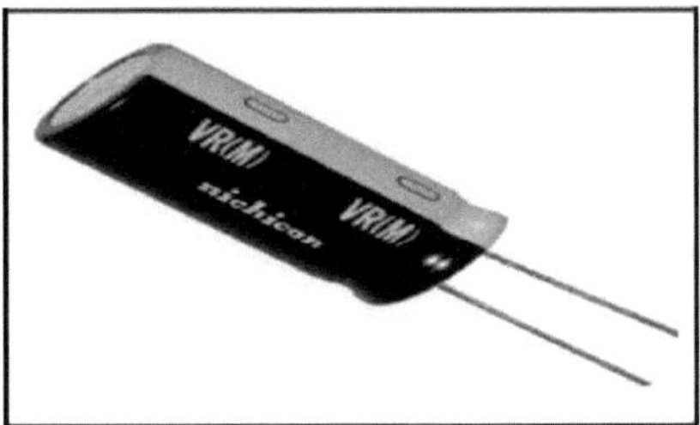

Fig. 6.9 Condensador

6.2.4.5 Resistências

Resistência típica de 10K ohm, 1/4 watt que pode ser usada com circuitos de driver. A faixa de cores da resistência é castanha, preta, vermelha e dourada.

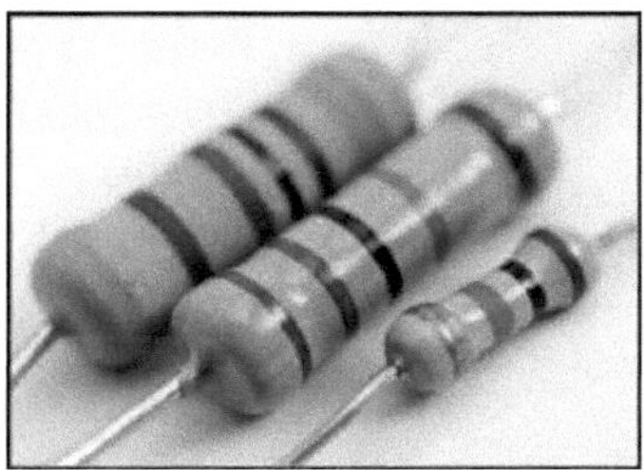

Fig. 6.10 Resistência

6.2.5 Transformador

Os transformadores funcionam com base na indução electromagnética e são classificados principalmente em dois tipos: transformadores elevadores e transformadores abaixadores. O transformador elevador aumenta a tensão de entrada e o transformador abaixador diminui a tensão de entrada. Para uma fonte de energia de corrente alternada, temos de utilizar um transformador elevador para converter a corrente contínua de baixa pulsação em corrente alternada de alta tensão. Na nossa investigação, utilizámos 12/230V com uma corrente nominal de 5A.

Fig. 6.11Transformador elevador

6.2.6 Díodo rectificador

O rectificador é um circuito electrónico desenvolvido através da utilização de díodos que efectuam o processo de rectificação. A rectificação é o processo de conversão de uma corrente alternada numa quantidade correspondente de corrente contínua (DC). A entrada do rectificador é uma corrente alternada, enquanto a sua saída é uma corrente contínua pulsante unidireccional.

41

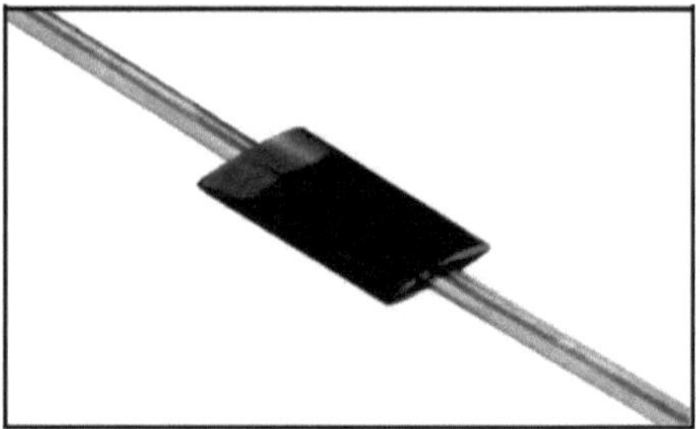

Fig. 6.12 Díodo rectificador

6.2.7 Filtro

A tensão rectificada do rectificador é uma tensão CC pulsante com um conteúdo de ondulação muito elevado. Mas não é disso que precisamos, precisamos de uma forma de onda dc pura e sem ondulação. Por isso, é utilizado um filtro. Utilizam-se diferentes tipos de filtros, como o filtro de condensadores, o filtro LC, o filtro de entrada de bobinas, etc. Quando a tensão instantânea começa a aumentar, o condensador começa a carregar-se, continuando a carregar-se quando a forma de onda atinge o seu valor de pico. Quando o valor da tensão instantânea começa a diminuir, o condensador começa a descarregar-se exponencialmente e lentamente através da carga. Assim, obtém-se um valor de tensão CC quase constante com um conteúdo de factor de ondulação muito menor.

470micro farad/450V: estas classificações de condensador devem ser utilizadas no protótipo de hardware.

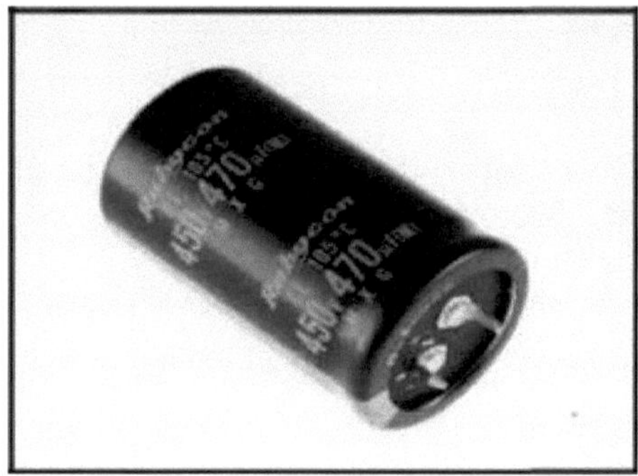

Fig. 6.13 Condensador de filtro

6.2.8 IGBT

Um transístor bipolar de porta isolada (IGBT) é um dispositivo semicondutor da família dos semicondutores de potência de três terminais, um dispositivo electrónico de comutação rápido e eficiente.

Fig. 6.14 IGBT FGA25N120

- **Características**

    1. Comutação de alta velocidade
    2. Tensão de saturação baixa: VCE(sat) = 2,5 V @ IC = 25A
    3. Impedância de entrada elevada

- **Aplicações**

    1. Aquecimento por indução,
    2. UPS
    3. Controlos de motores AC e DC
    4. Inversores de uso geral.

6.2.9 Unidade de accionamento

Microcontrolador AT89C2051

Descrição

O AT89C2051 é um microcomputador CMOS de 8 bits com 2K bytes de memória Flash programável, apagável e só de leitura (PEROM) e de baixa tensão e elevado desempenho. O dispositivo é fabricado com a tecnologia de memória não volátil de alta densidade da Atmel e é compatível com o conjunto de instruções MCS-51, padrão da indústria. Ao combinar uma CPU versátil de 8 bits com Flash num chip monolítico, o Atmel AT89C2051 é um microcomputador potente que proporciona uma solução altamente flexível e económica para muitas aplicações de controlo incorporadas.

* O AT89C2051 fornece os seguintes recursos padrão:

2K bytes de Flash, 128 bytes de RAM, 15 linhas de E/S, dois temporizadores/contadores de 16 bits, cinco vectores de arquitectura de interrupção de dois níveis, uma porta série full duplex, um comparador analógico de precisão, oscilador e circuito de relógio integrados. Além disso, o AT89C2051 foi concebido para funcionar a uma frequência zero com lógica estática e suporta dois modos de poupança de energia seleccionáveis por software. Enquanto permite a RAM, o modo inactivo pára a CPU, o temporizador/contadores, a porta série e o sistema de interrupções para continuar a funcionar. O modo de desligamento salva o conteúdo da RAM e congela o oscilador para desativar todas as outras funções do chip até a próxima reinicialização do hardware.

Configuração de pinos

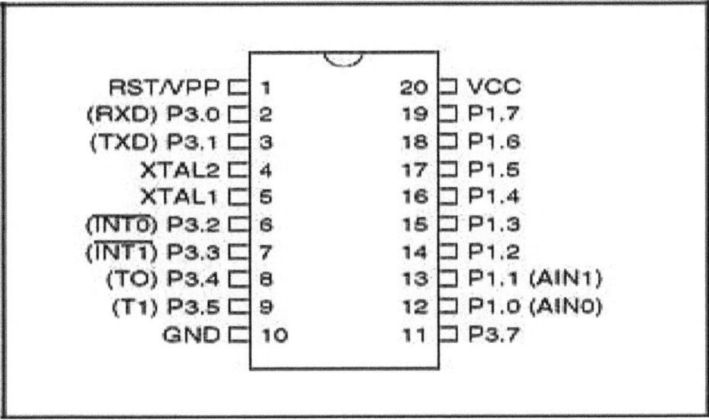

Fig. 6.15 Configuração de pinos do AT89C2051

Características

- Compatível com MCS®-51Products
- 2K Bytes de memória Flash reprogramável Resistência: 1.000 ciclos de escrita/apagamento
- 2,7V a 6V Gama de funcionamento
- Funcionamento totalmente estático: 0 Hz a 24 MHz
- Bloqueio de memória de programa de dois níveis
- 128 x 8-bit RAM interna
- 15 Linhas de E/S programáveis
- Dois temporizadores/contadores dc 16 bits
- Seis fontes de interrupção
- Canal UART de série programável
- Saídas de accionamento directo de LEDs
- Comparador analógico no chip
- Modos de baixo consumo de energia inactivo e de desactivação

6.2.10 Unidade PWM

CD4047BC Multivibrador monoestável/estável de baixa potência

Descrição

O CD4047B é capaz de funcionar tanto no modo monoestável como no modo astável. Requer um condensador externo (entre os pinos 1 e 3) e uma resistência externa (entre os pinos 2 e 3) para determinar a largura do impulso de saída no modo monoestável e a frequência de saída no modo astável.

O funcionamento do astable é activado por um nível alto ou baixo na entrada astable. A frequência de saída (a 50% do ciclo de funcionamento) nas saídas Q e Q é obtida pelos componentes de temporização. Uma frequência que multiplica a de Q está disponível na saída do oscilador; um ciclo de trabalho de 50% não é garantido. O funcionamento monoestável é seleccionado quando o dispositivo é accionado por uma transição de BAIXO para ALTO na entrada de disparo + ou por uma transição de alto para baixo na entrada de disparo -. O dispositivo pode ser reactivado aplicando uma transição simultânea de baixo para alto às entradas de + disparo e de reactivação. Um nível alto na entrada Reset repõe as saídas Q em baixo, Q em alto.

Configuração de pinos

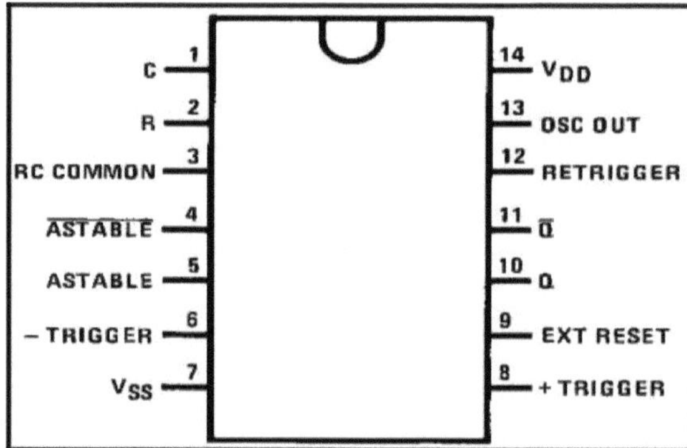

Fig. 6.16 Configuração de pinos do CD4047BC

Características

- Baixo consumo de energia: configuração especial do oscilador CMOS.
- Funcionamento monoestável (one-shot) ou astable (free-running).
- Saídas com buffer verdadeiro e complementado.
- Só é necessário um R e C externos.

6.3 Configuração experimental e resultados

6.3.1 Instalação experimental

A Fig.6.17 seguinte mostra a configuração experimental do inversor flyback intercalado proposto para aplicação fotovoltaica. Esta configuração experimental é constituída por painel solar, bateria, circuito de accionamento, transformador, díodo rectificador, filtro de condensador, circuito de inversor único, placa controladora atmelAT89C2051, relé e carga.

Fig. 6.17 Configuração experimental do sistema proposto

O painel solar é utilizado como fonte de entrada, mas a tensão do painel solar não é uma fonte de tensão ideal. Porque a tensão do painel solar depende das condições ambientais. Para utilizar um painel solar de 12 watts, este converte a energia luminosa em energia eléctrica. E esta energia eléctrica é armazenada na bateria. Para utilizar uma bateria de 12V para armazenar energia solar Para utilizar um painel solar de 12Watt, este converte a energia luminosa em energia eléctrica. E esta energia eléctrica é armazenada na bateria. Para utilizar uma bateria de 12V para armazenar energia solar. Os circuitos de controlo MOSFET são utilizados para fornecer a alimentação de 12V DC utilizando a bateria como fonte de entrada. Este circuito de controlo MOSFET é utilizado para gerar uma forma de onda CC pulsante que é a entrada do transformador elevador. Utilizando este transformador elevador, a corrente contínua pulsante é convertida em corrente alternada de 12/230 V. A saída do transformador é enviada para o rectificador de díodos. O rectificador de díodos converte a quantidade directa em quantidade alternada e, em seguida, a saída do rectificador de díodos é transferida para a entrada do inversor monofásico. O inversor monofásico converte a corrente contínua em corrente alternada utilizando o condensador de filtro. Para fornecer a saída do inversor à carga e fornecer a alimentação pela rede, é necessário obter uma alimentação doméstica de 230 V e 50 Hz. Para gerar os impulsos de comutação do inversor, utiliza-se o microcontrolador AT89C2051. Neste circuito, o microcontrolador AT89C2051 é utilizado porque o controlador tem muitas vantagens. Como tem muitas bibliotecas para fins de programação. E a programação deste é simples, em comparação com o controlador PIC.

6.3.2 Resultados

A Fig. 6.18 indica a tensão do MOSFET. A tensão do MOSFET é de cerca de 20V e a frequência de comutação é de cerca de 7,88 KHz.

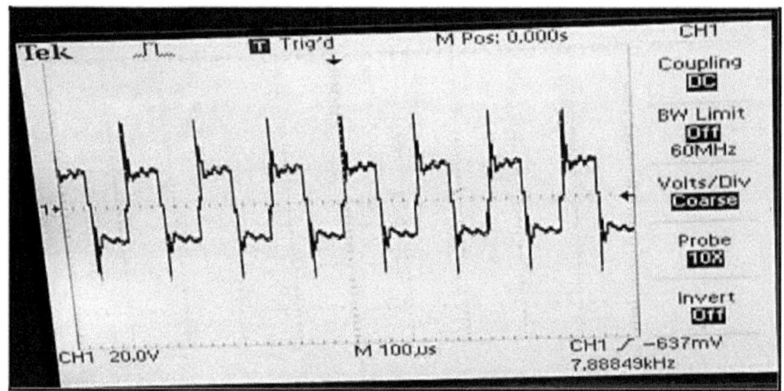

Fig.6.18 Tensão do MOSFET

A Fig. 6.19 indica a forma de onda da tensão de saída através da carga e também a alimentação da rede 230V e 50Hz. Para verificar esta tensão de saída através da carga e também a alimentação através da rede, trata-se de uma alimentação monofásica. A tensão de saída é de cerca de 250,4 V.

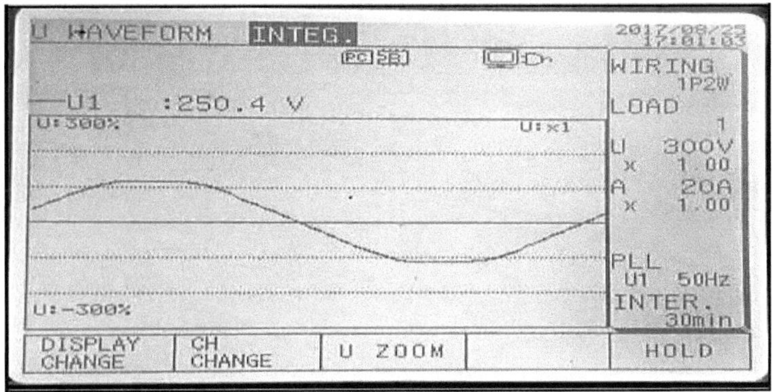

Fig.6.19 Tensão de saída

A Fig. 6.20 mostra a distorção harmónica total da tensão de saída. Nesta, a tensão contém 2,5 % de THD. A THD em forma de lista pode ser verificada utilizando o analisador de potência.

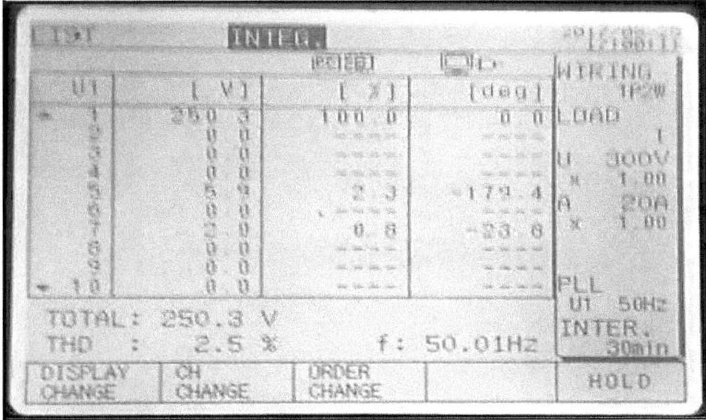

Fig.6.20 Análise da distorção harmónica total em forma de lista

A Fig.6.21 mostra a distorção harmónica total da tensão de saída através da carga e também fornece a tensão da rede à carga. Como se pode ver nesta figura, a tensão contém 2,5 % de THD. THD em forma gráfica mostrada na Fig. 6.21.

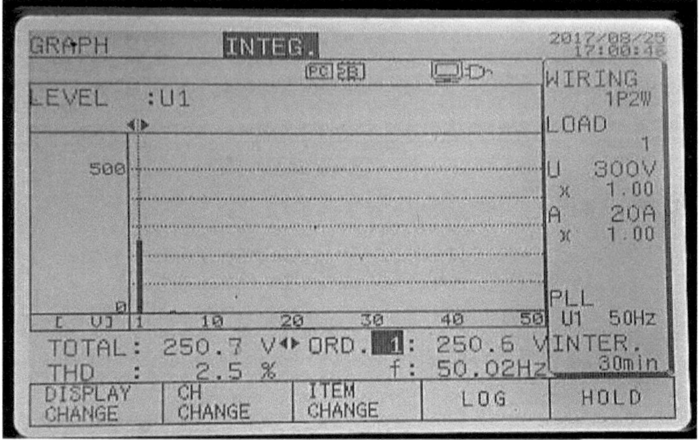

Fig.6.21 Análise da distorção harmónica total em forma de gráfico

A Fig. 6.22 mostra o resultado total do lado da saída, que contém a tensão, a corrente, o factor de potência, a potência activa, a potência aparente e a frequência.

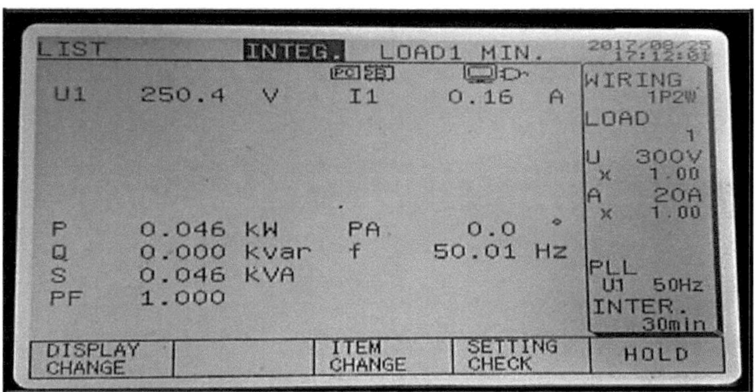

Fig. 6.22 Resultados de saída do sistema proposto

Capítulo 7

CONCLUSÃO

7.1   Conclusão

A topologia flyback é preferida devido à sua estrutura simples e ao fácil controlo do fluxo de energia com saídas de alta qualidade de energia na interface da rede. O principal objectivo do projecto é implementar uma topologia de inversor flyback intercalado a alta potência. Com uma eficiência de mais de 93%, é muito vantajoso quando comparado com os circuitos de inversores convencionais. Além disso, a THD da tensão da rede é medida em 2,5% e o factor de potência é 1, o que confirma a interface de alta qualidade de energia com a rede. A corrente do inversor, com elevada qualidade de energia (PQ) e baixa distorção harmónica total, é obtida. A intercalação do conversor flyback melhora a filtragem com a utilização de elementos de filtragem reduzidos. As preocupações económicas são cobertas pela estrutura simples do conversor flyback intercalado em relação ao sistema convencional.

7.2   Trabalho futuro

Outros trabalhos nesta área podem utilizar diferentes métodos MPPT e algoritmos modificados para aumentar a eficiência em condições ambientais em rápida mudança. Tentar conceber um modelo de sistema solar fotovoltaico que tenha um tamanho compacto e seja mais barato e também que o seu custo de manutenção e de funcionamento seja menor, de modo a que as pessoas se sintam atraídas pelo seu comportamento e não optem por fontes convencionais, mesmo para sistemas isolados. O inversor deve ser concebido utilizando circuitos SMPS se, além disso, a implementação for feita a partir deste projecto. A implementação física do sistema ficará para a investigação futura.

7.3   Aplicações

1. Geração de alta tensão
2. Fontes de alimentação de modo comutado de baixa potência

3. Fontes de alimentação de saída múltipla de baixo custo
4. Alimentação de alta tensão para o CRT em televisores e monitores
5. Accionamento de porta isolada

I want morebooks!

Buy your books fast and straightforward online - at one of world's fastest growing online book stores! Environmentally sound due to Print-on-Demand technologies.

Buy your books online at
www.morebooks.shop

Compre os seus livros mais rápido e diretamente na internet, em uma das livrarias on-line com o maior crescimento no mundo! Produção que protege o meio ambiente através das tecnologias de impressão sob demanda.

Compre os seus livros on-line em
www.morebooks.shop

Printed by Books on Demand GmbH, Norderstedt / Germany